한국지명 용어집

국토교통부 국토지리정보원

Glossary of Terms for the Standardization of Geographical Names in Korea

Jinhan M&B

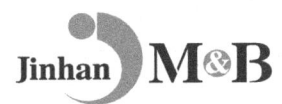

한국 지명 용어집

—

Glossary of Terms for
the Standardization of
Geographical Names
in Korea

목차 Contents

서문	**머리말** / Foreword	06
	제작 과정 / Production process	08
본문	**지명 일반** / Toponyms in general	11
	지명의 언어적요소 / Linguistic elements of toponyms	19
	지명의 형태 / Various forms of toponyms	35
	지명의 종류 및 관련 용어 / Classification of toponyms	45
	지명 제정 및 표준화 절차 / Procedure of the standardization of toponyms	57
	지명 출판물 및 관리 업무 / Toponymic publication and management	65
부록	**참고문헌** / References	71
	색인 / Index	81

머리말 Foreword

지명은 인간과 장소, 자연 또는 인공 대상물의 관계를 맺어주는 도구로서 지명을 정하고 사용하는 일은 인류의 역사와 함께 되었습니다. 인간이 그 대상과 맺는 관계는 지명에 담긴 생각과 느낌, 문화와 역사, 그리고 장소에 영향을 미치는 정치적 역동성과 경제적 요인 등이 축적되면서 발전하였습니다.

지명 연구는 중요한 학문 분야로 자리 잡았고, 그 과정에서 각 개념을 일컫기 위한 용어가 생겨났습니다. 이에 따라 국토지리정보원이 담당하는 지명 표준화와 관리 업무에도 용어에 대한 정의가 필요하게 되었습니다. 이번에 발간하는 『한국 지명 용어집』은 우리나라 지명 연구와 지명 표준화 업무에서 사용되는 용어를 일목요연하게 목록으로 정리하고 각각의 정의를 부여하기 위해 만들어졌습니다.

시작은 유엔지명전문가그룹(UNGEGN)에서 2002년에 제작한 『지명표준화를 위한 용어집(Glossary of Terms for the Standardization of Geographical Names)』이었습니다. 이 책자는 국토지리정보원이 2012년부터 번역하여 사용해오고 있었으나, 로마자 언어를 기반으로 하는 내용이라 한국 지명에 맞지 않는 부분이 많아 한국어 고유의 언어적 특성, 지명 표준화의 역사, 행정 환경 등을 고려할 필요가 있었습니다. 이를 위해 빅데이터 분석 방법을 이용하여 지난 10여 년간 한국 지명연구 논문에서 사용된 용어를 추출하였습니다.

이번에 발간하는 『한국 지명 용어집』은 연구진의 조사, 연구, 편집과 전문가들의 심층 자문 과정을 통해 완성도를 갖추기 위한 노력을 기울였습니다. 국내에서 처음으로 발간하는 지명 용어집을 단기간에 제작해야 하는 어려운 여건 속에서도 묵묵히 이끌어주신 담당부서 및 연구진께 감사의 말씀을 전합니다.

이 용어집이 지명연구자들과 공공기관 및 지방자치단체의 지명 담당자가 지명을 연구하고 체계적으로 정리, 보존, 활용하는데 유익한 길잡이가 될 수 있기를 기대합니다.

사 공 호 상
국토교통부 국토지리정보원 원장

08 | 제작 과정 Production process

　한국 지명 용어집 발간은 국내·외 지명용어 사용 현황을 고려하여 다음의 과정에 의해 진행되었다. 먼저 유엔지명전문가그룹(UNGEGN)이 2002년 발간하고 2007년 개정한 지명 용어집을 분석하여 국제 지명표준화의 흐름과 사례를 조사하였다. 이 그룹에서 2019년 이래 진행해오고 있는 용어 정비의 결과를 포함하여 한국 지명에 적용할 수 있는 항목을 추출하였으며, 국내 지명 용어집에서 적용할 수 있는 시사점을 도출하였다.

　이후 한국의 지명연구에서 사용되는 용어를 추출하기 위하여 국내 관련 학회지에 수록된 논문을 수집하고 분석하였다. 대상이 된 논문은 1997~2019년 기간에 한국지명학회 발간 「지명학」에 수록된 논문 전수, 대한지리학회, 한국문화역사지리학회, 한국지도학회 등 관련 분야 10여 개 학회의 논문집에 수록된 지명연구 논문 총 298편이었다. 이 논문에 사용된 단어를 조사하기 위하여 빅데이터 분석기법인 「R 프로그램」을 이용하여 텍스트 마이닝을 실시하였다. 그 결과 118만여 개의 단어를 추출하였고, 그 사용의 빈도와 맥락을 조사하여 용어에 해당하는 단어를 선별하였다.

　텍스트마이닝 기법의 정량적 선정에서 놓칠 수 있었던 지명 용어를 발굴하기 위해 학회지 「지명학」에 최근 2년 간(2018~2019) 게재된 논문 28편을 정성적으로 평가하는 작업이 추가되었다. 한자 문화권에 속해 있는 한국의 지명 환경 특수성을 반영하는 용어들을 중심으로 선정되었으며 유엔 지명용어집, 텍스트 마이닝에 의해 추출된 용어들과 함께 평가 작업에 고려되었다.

　상기 방법들로 수집한 총 789개(유엔 용어집 423개, 국내 지명논문 및 학술자료 366개) 단어 중에서 연구진의 평가를 거쳐 142개의 용어가 선정되었다. 이 각각의 용어에 대하여 유엔 용어집과 국내 지명연구에서 규정한 정의를 기초로 연구진의 정의가 부여되었고, 필요한 경우 사례를 함께 제시하였다. 지명 전문가의 심층 자문이 진행되었고, 지방자치단체 지명 관련 담당자의 의견이 반영되었다. 각 용어들은 6개의 항목으로 분류되었으며 색인이 용이할 수 있도록 편집되었다.

지명 일반

Toponyms in general

11

12 지명 일반

지명
地名
toponym, geographical name, place name

지리적 실체에 붙이는 고유한 이름

지명학
地名學
toponymy, toponomastics

지명을 어원적, 역사적, 지리학적으로 연구하는 학문

지역
地域
region, area, territory

1. 일정한 범위로 구획된 토지의 영역
2. 문화적, 사회적, 인문적, 자연적 특징을 공유하는 일정한 공간 영역

지명영역
地名領域
territory of a toponym

부여된 지명이 공식 또는 비공식적으로 지칭하는 일정한 공간 범위

13

주소 / 住所
address

기관, 기업, 가구, 지형지물 등의 위치를 체계적이고 조직적인 코드로 나타낸 표시

지칭 / 指稱
denotation, inscription, denomination

어떤 지역 또는 지리적 실체를 가리켜 이르는 일

명칭 / 名稱
name, title, designation, denomination

사람이나 사물, 특정한 실체를 구별하기 위해 부여한 이름

명명 / 命名
naming

사람이나 사물, 사건, 혹은 특정한 실체 등의 대상에 이름을 부여하는 행위

14 | 지명 일반

명명학
命名學
onomastics

고유한 이름의 기원과 형성을 연구하는 학문

표기
表記
marking, notation, inscription, spelling, transcription

1. 특정한 대상에 대해 기록하는 행위
2. 문자 또는 기타적 요소를 활용하여 알아볼 수 있는 부호로 표시하는 것

표기법
表記法
orthography, notation

부호나 문자로 표시하여 기록하는 규칙이나 방법

지명 표기
地名 表記
notation of a toponym

지리적 실체에 부여된 이름을 지도 및 기타 문서에 기록하는 방법을 포괄적으로 이르는 말. 하나의 지명이라도 각 언어마다 표기하는 방법이 다를 수 있으며, 한 언어의 지명을 다른 언어로 표기할 때 일정한 기준을 적용함

> 예시 天津을 톈진, 천진 또는 Tianjin으로 표기할 수 있음

지명 호명 / 地名 呼名
reading of a toponym

지리적 실체에 붙여진 이름을 부르는 행위

> 예시 東京을 '도쿄' 또는 '동경'으로,
> 北京을 '베이징' 또는 '북경'으로 호명

비판지명학 / 批判地名學
critical toponymy

지명의 제정과 사용 및 변경에 개입되는 권력 관계와 정치적 요소, 그리고 경제적 의미를 밝히는 것에 초점을 두는 지명학의 한 사조

지명의
언어적 요소

Linguistic elements of toponyms

20 | 지명의 언어적 요소

표준어
標準語 　 standard language

한 나라에서 사용되는 공인된 형태의 언어

매개어
媒介語 　 vehicular language

서로 다른 언어를 사용하는 공동체들 간의 의사소통을 위해 사용하는 언어

 인도에서 영어는 다른 언어를 사용하는 민족들 간의 의사소통을 위해 공통으로 사용하는 매개어

지명어
地名語 　 toponym with linguistic characteristics

지명이 갖는 언어적 요소를 강조할 때의 지명

지명소, 지명형태소
地名素, 地名形態素 　 morpheme of a toponym

지명을 구성하는 요소.
고유 요소(전부지명소)와 속성 요소(후부지명소), 그리고 각 요소를 구성하는 의미적 단위를 모두 포함함

전부지명소, 전부지명형태소
前部地名素, 前部地名形態素 / prior morpheme of a toponym

다른 지리적 실체와 구분할 수 있게 해주는 지명형태소.
한자어권의 경우 지명어의 전부에 위치함

> 예시 설악산의 '설악', 금강의 '금', 광주시의 '광주', 강원도의 '강원'이 이에 해당함

후부지명소, 후부지명형태소
後部地名素, 後部地名形態素 / posterior morpheme of a toponym

지리적 실체의 종류를 나타내는 지명형태소.
한자어권의 경우 지명어의 후부에 위치함

> 예시 설악산의 '산', 금강의 '강', 광주시의 '시', 강원도의 '도'가 이에 해당함

고유지명, 고유요소
固有地名, 固有要素 / proper name, specific term, specific name, specific element

지명의 일부로서 특정한 지리적 실체를 동일한 종류의 다른 지리적 실체와 구별할 수 있게 해주는 고유명사

> 예시 한라산, 낙동강, 호남평야, 청평호, 대관령 등의 자연 지형물, 서울시, 경기도 등의 행정구역, 수표교, 불국사 등의 인공 지형물에서 밑줄 친 부분이 고유지명(고유요소)에 해당함

22 지명의 언어적 요소

속성지명, 속성요소
屬性地名, 屬性要素 / generic term, generic name, generic element

지명의 일부로서 지형지물의 종류를 나타내는 보통명사

> 예시   한라산, 낙동강, 호남평야, 청평호, 대관령 등의 자연 지형물, 서울시, 경기도 등의 행정구역, 수표교, 불국사 등의 인공 지형물에서 밑줄 친 부분이 속성지명(속성요소)에 해당함

가속성요소
假屬性要素 / false generic element

고유명사화되어 더 이상 속성요소의 기능을 하지 않는 지명의 일부분

> 예시   부산(釜山)과 울산(蔚山)의 도시이름에 들어있는 산(山)이 이에 해당하며, 이때 산은 지형의 종류가 아닌 고유명사의 일부임

언어지역, 언어권
言語地域, 言語圈 / linguistic area

특정 언어가 보편적으로 사용되는 지역

언어공동체
言語共同體 / linguistic community

공통의 언어를 사용하여 직간접적으로 의사소통하는 사람들의 전체로서, 언어 사용에 있어 일련의 규범이나 표준을 공유하는 집단

토착언어
土着言語 / indigenous language

한 지역에서 고유하게 생성된 언어

> 예시   뉴질랜드 마오리족의 언어(마오리어), 북유럽 사미족의 언어

방언
方言 / dialect

한 언어에서 지역과 계층에 따라 분화된 말의 체계

24 | 지명의 언어적 요소

발음구별부호
發音區別符號　　diacritics, diacritic mark

원래의 문자가 가지고 있던 고유의 음성값을 특정한 강세나 억양으로 변화시키기 위해, 혹은 두 단어 간의 구분을 위해 한 철자의 위나 아래, 혹은 철자들 사이에 표시하는 작은 부호. 보통 본 철자보다 크기가 작은 형태를 가짐

> 예시　독일어 모음 위에 사용되는 두 개의 점(ä, ö, ü), 프랑스어 모음 위에 사용되는 삐침(é, á, è), 루마니아어 자음 밑에 사용되는 쉼표(ş, ţ) 등이 이에 해당함

원천언어, 기부언어
源泉言語, 寄附言語　　source language, donor language

지명이 어떤 언어에서 다른 언어로 전환될 때 그 근원이 되는 원어

> 예시　'서울'을 'Seoul'로 전환할 때의 한국어

원천문자, 기부문자
源泉文字, 寄附文字　　original script, source script, donor script

원천언어(기부언어)에 쓰이는 문자

> 예시　'London'을 일본어 'ロンドン'으로 전환할 때의 로마자

수혜언어, 대상언어
受惠言語, 對象言語 / receiver language, target language

지명이 어떤 언어에서 다른 언어로 전환될 때 그 대상이 되는 원어

> 예시 'New York'를 '뉴욕'으로 전환할 때의 한국어

수혜문자, 대상문자
受惠文字, 對象文字 / receiver script, target script

수혜언어(대상언어)에 쓰이는 문자

> 예시 '서울'을 'ソウル'으로 전환할 때의 일본어 가타카나

원천지명
源泉地名 / eponym

사람이나 사물의 이름을 사용한 지명에서 기원이 되는 인물이나 집단 또는 사물의 이름

> 예시 '세종시'에서의 '세종',
> 'Martin Luther King Street'에서의 'Martin Luther King'

26 | 지명의 언어적 요소

근원지명
根源地名 / root toponym

지명이 언어적 변천을 겪었을 때 기원이 되는 지명

> **예시** 마을명 '즘게골'이 '징게울'로 변화한 경우 '즘게골'이 이에 해당

보통명사화 지명
普通名詞化 地名 / epotoponym

보통명사의 기초 또는 근원을 이루는 지명

> **예시** 상황에 딱 들어 맞는다는 뜻으로 사용되는 용어 '안성맞춤'에 포함된 지명 '안성', 대회 또는 경연을 일컫는 '올림피아드'에 사용되는 그리스 지명 '올림피아'가 이에 해당함

음차표기
音借表記 / transcription, transliteration

어떤 언어에서 사용하는 글자를, 소리를 바탕으로 하여 다른 문자로 표기하는 것

> **예시** 'France'를 '프랑스'로, '서울'을 'Seoul'로 표기하는 것

훈차표기

訓借表記 / transcription by meaning

어떤 언어에서 사용하는 글자를, 의미를 바탕으로 하여 다른 문자로 표기하는 것

예시　'새말'을 '新村(신촌)'으로, '새재'를 '鳥嶺(조령)'으로 표기하는 것

음독지명

音讀地名 / sound-reading toponym

한자어의 음으로 부르는 이름

예시　'光州'를 '광주'로, '大田'을 '대전'으로 표기하는 것

훈독지명

訓讀地名 / meaning-reading toponym

한자어의 훈으로 부르는 이름

예시　'후암동(厚岩洞)'을 '두텁바위'로, '묵동(墨洞)'을 '먹골'로 부르는 것

28 | 지명의 언어적 요소

한역
漢譯 translation/transliteration into Chinese letters

어떤 언어에서 사용하는 지명 또는 용어를 음차나 훈차 표기 또는 번역을 통해 한자어로 바꾸는 것

> 예시 'Southern California State'를 '南加州(남가주)'로 표기하는 것

음역
音譯 transcription of Chinese letters

한자음을 통해 다른 언어의 지명 또는 용어를 나타내는 것

> 예시 'Asia'를 '亞細亞'로 표기하는 것

차자
借字 character borrowing

어떤 언어의 글자를 적을 때 다른 언어의 글자를 빌려쓰는 것 또는 그 글자

차자표기
借字表記 character-borrowing notation of a toponym

어떤 언어를 글자를 빌려 다른 언어의 지명 또는 용어를 표기하는 것

> 예시 '버드내'를 이두식 한자어 '유등천'(柳等川)으로 표기하는 것

호칭어
呼稱語 / appellation

사람이나 사물을 부르는 말. 연령, 서열, 직위 등 사회적 관계나, 심리적 거리감, 대화의 상황에 따라 차별화되어 나타남

종지명호칭어
從地名呼稱語 / geononymy

지명을 사용하여 사람 또는 사물을 호칭하는 것

> 예시 목포댁, 평양냉면

국제음성문자
國際音聲文字 / International Phonetic Alphabet (IPA)

국제 음성학 협회가 1888년 정한 자모 기호, 말소리의 표기 방법을 국제적으로 표준화한 것. 여러 차례 개정을 거쳤으며, 국제적으로 인정된 일련의 음성표기법 기호임

> 예시 영어'sing'에서 'ng' 음성에 대한[ŋ], 영어의 'sh' 음성에 대한[ʃ] 등

30 지명의 언어적 요소

전사, 전사법
轉寫, 轉寫法　　　transcription

어떤 고유한 문자를 다른 문자체계를 이용하여 원천언어의 소리를
옮겨 적거나 표시하는 방법 또는 체계.
한 단어를 전사한 것은 동일한 형태로 환원되지 않을 수 있음

> 예시　'설악산'은 'Seoraksan'으로 전사될 수 있으나, 'Seoraksan'은 '설악산'으로
> 환원되지 않을 수 있음(서락산, 세오락산 등도 가능)

전사표
轉寫表　　　transcription key

특정 원천언어의 글자들을, 각각의 전사에 해당하는
수혜언어의 글자들과 함께 나열한 표

전자, 전자법
轉字, 轉字法　　　transliteration

어떤 고유한 문자를 다른 문자체계를 이용하여 원천언어의 문자를 옮겨 적거나
표시하는 방법 또는 체계. 원천언어와 수혜언어의 표기 간 환원이 가능함

> 예시　그리스 문자 'Αθήνα'를 로마자 'Athína'로,
> 이디오피아 문자 'አዲስአበባ'를 로마자 'Adis Abeba'로 전환하는 것

전자표
轉字表 / transliteration key

특정 원천언어의 글자들을, 각각의 전자에 해당하는
수혜언어의 글자들과 함께 나열한 표

로마자 표기(법), 로마자화, 로마자 전환
romanization

비로마자를 로마자로 전환하는 것

예시 '광화문'을 'Gwanghwamun'으로, '강남'을 'Gangnam'으로 전환하는 것
※ 국어의 로마자 표기법은 국립국어원의 한국어 어문 규범에 규정되어 있음

로마자 표기 표
romanization key

비로마자의 발음구별기호를 포함하여 로마 자모와 일치하는
글자와 함께 나열한 표

32 지명의 언어적 요소

하이픈 연결
hyphenization, hyphenation

지명을 로마자로 전환하여 사용함에 있어 지명을 구성하는
두 개 이상의 요소를 하이픈(-)으로 연결하는 것

> 예시 강원도를 로마자로 표기할 때 고유지명인 Gangwon과 행정구역을 나타내는
> do 사이에 하이픈을 붙여 'Gangwon-do'로 표기하는 것

전환표
轉換表   conversion table

서로 다른 언어나 문자 체계 간에서 발음상 일치하는 문자나 글자들끼리
묶어놓은 표. 비로마 문자의 로마자화나 로마자 단어의 비로마자 표기 등을
할 때 사용됨

두문자어
頭文字語   acronym

로마자로 구성된 합성 용어의 머릿글자를 따서 만든 단어

> 예시 NATO (North Atlantic Treaty Organization)

지명의 형태

Various forms of
toponyms

36 | 지명의 형태

기본지명
基本地名
primary toponym

전부지명형태소와 후부지명형태소의 결합으로 형성된 지명

> 예시 '한강'은 전부지명형태소인 '한'과 후부지명형태소인 '강'으로 이뤄짐

확장지명
擴張地名
extended (secondary, tertiary) toponym

기본지명을 기초로 하여 연쇄적으로(2차, 3차) 형성된 지명

> 예시 '한강대교'는 '한강'의 2차 확장지명, '한강대교지하차도'는 3차 확장지명

정식지명
正式地名
long form of a toponym

모든 구성요소를 포함하여 완전한 형태를 갖춘 지명

> 예시 '경북'의 정식 명칭은 '경상북도', '충남'의 정식 명칭은 '충청남도'

약칭지명 / 약식지명
略稱地名, 略式地名
short form of a toponym, abbreviation of a toponym

구성요소의 일부를 생략 또는 축약한 지명

> 예시 '전라북도'의 약칭지명은 '전북', 'United States of America'의 약칭지명은 'USA'

공식지명
공인지명
公式地名, 公認地名
official name, authorized name

권위를 갖춘 기관에 의해 공식적으로 인정된 지명

별칭지명
대안지명
변용지명
別稱地名, 代案地名, 變容地名
allonym, variant name

하나의 지리적 실체를 지칭하는 여러 지명의 각 형태

> 예시   '달구벌'은 '대구'의 별칭지명

표준화된 별칭지명
標準化 別稱地名
standardized allonym

하나의 지리적 실체를 지칭하는 여러 지명의 표준화된 각 형태

> 예시   오스트레일리아의 모래바위에 대한 이름 'Uluru'와 'Ayers Rock'

병기지명
복수지명
倂記地名, 複數地名
dual names, multiple names

하나의 지리적 실체에 부여된 두 개 (이상)의 지명

38 | 지명의 형태

합성지명
혼성지명
合成地名, 混成地名
composite name

두 개 이상의 지명에서 일부요소를 가져와 조합하여 만든 지명

> 예시 경상도(경주의 '경'과 상주의 '상'의 조합),
> 익선동(익랑골의 '익'과 정선방의 '선'의 조합)

초국경지명
超國境地名
transboundary name

두 개 이상의 정치적 단위에 걸쳐있는 지리적 실체
(강, 산, 산맥 등)의 이름

> 예시 유럽 6개국에 걸쳐 있는 알프스산맥을 지칭하는 각 언어의 이름,
> 9개국을 흐르는 다뉴브강을 일컫는 각 언어의 이름

전래지명
속지명
傳來地名, 俗地名
inherited toponym, folk toponym

과거로부터 전해 내려와 관습적으로 사용되는 지명

> 예시 경주를 일컫는 서라벌, 대구를 지칭하는 달구벌,
> 경북 봉화의 자연부락 명칭인 가래골과 장그래미

역사지명 / 고지명
歷史地名, 古地名
historical name, conventional name, traditional name

역사문헌(고지도, 고문서 등)에서 발견되는 지명.
현재 보편적으로 사용되지 않는 경우가 많음

예시 하슬라(현재 강원도 강릉), 사비(현재 충청남도 부여),
조강(祖江, 현재 한강의 하구. 대동여지도와 동여도에서 표기됨)

외래지명
外來地名
exonym

어떤 언어권의 지명을 다른 언어로 표기할 때, 원천지명의 형태와는 다르게 표기된 지명. 언어 간 전환(예: 로마자 표기)에 의한 지명은 해당되지 않음

예시 'Deutschland' 명칭의 국가를 한국어에서 부르는 이름 '독일,'
폴란드의 바르샤바(Warszawa)를 영어로 부르는 이름 Warsaw

토착지명
土着地名
endonym

어떤 언어권의 지명을 그 언어에서 쓰이는 형태로 표기한 지명. 언어 간 전환(예: 로마자 표기)에 의한 지명도 해당됨

예시 독일 국가명 'Deutschland'를 한국어로 전환한 '도이칠란트,'
'대한민국'을 로마자로 전환한 'Daehanminguk'

40 | 지명의 형태

표준화된 토착지명
標準化 土着地名
standardized endonym

지명관리기구에 의해 공식적으로 승인된 토착지명

> 예시 별칭 지명 Hull과 Kingston upon Hull(영국) 중 후자가 표준화된 토착지명

기념지명
紀念地名
commemorative name

역사적 인물이나 사건을 기념하기 위해 행정, 자연, 인공물 등에 붙이는 이름

> 예시 세종특별자치시, 김유정역, 백범로, 절두산

대비지명
對比地名
paired toponyms

서로 상반된 속성 및 의미에 의해 짝을 이루는 지명

> 예시 안말-바깥말, 구장터-새장터, 윗갈고개-아랫갈고개

방위지명
方位地名
directional toponym, positional toponym

동, 서, 남, 북 등 방위 및 방향을 나타내는 말을 활용하여 지역, 행정구역, 영역 등의 대상에 부여된 지명

> 예시 남구(南區), 중동(中洞), 하인천(下仁川), 외산리(外山里)

숫자지명 / 數字地名 numerical toponym

숫자를 포함하여 부여된 지명

> 예시 | 종로3가, 미국 뉴욕의 5번가, 42번가, 남산 1, 2, 3호 터널

민족명칭 / 民族名稱 ethnonym

부족, 혈족, 소수민족과 같은 민족 집단의 이름

> 예시 | '사미(Saami)'는 북유럽의 민족명칭,
> '조선족(朝鮮族)'은 중국의 한국계 민족명칭

소수민족지명 / 少數民族地名 minority toponym

소수민족 언어에서 사용되는 지명

> 예시 | 중국 내몽골자치구의 도시 '어얼둬쓰'(鄂尔多斯, È'ěrduōsī)를
> 부르는 몽골어 지명 '오르도스'(ᠣᠷᠳᠣᠰ, Ordos)

지명의 종류 및 관련 용어

Classification of toponyms

46 | 지명의 종류 및 관련 용어

행정구역
行政區域
administrative division

국가 행정상의 목적에 따라 구획한 행정단위로서 행정기관의 권한이 미치는 범위

> **예시** 광역자치단체 특별시, 광역시, 도, 자치도, 자치시,
> 기초자치단체 시, 군, 구 등

법정지명
法定地名
legislative toponym

법률로 지정된 지명

행정지명
行政地名
administrative toponym

행정상의 목적에 따라 지정된 지명

법정동/리
法定洞/里
legislative dong/ri

법률로 지정된 명칭과 영역을 지닌 동/리

> **예시** 서울특별시 관악구 신림동은 11개의 행정동을 가진 법정동
> (하나의 행정동이 여러 개의 법정동을 가진 경우도 있음)

행정동/리
行政洞/里
administrative dong/ri

행정상의 편의에 따라 지방자치단체가 설정한 동/리

> 예시 법정동인 서울특별시 관악구 신림동에는 난곡동, 난향동, 대학동, 미성동, 삼성동, 서림동, 서원동, 신림동, 신사동, 신원동, 조원동의 11개 행정동이 있음

도로명
道路名
hodonym, odonym, street name

도로를 지칭하는 고유명사

도로명주소
道路名住所
road name address

도로명주소법에 따라 지정된 도로명, 기초번호, 건물번호 및 상세주소에 의하여 표기하는 주소

지번주소
地番住所
land lot address

토지의 일정한 구획을 나타낸 번호를 이용한 주소

48 | 지명의 종류 및 관련 용어

통합도시명
統合都市名
integrated city name

둘 이상의 도시를 하나로 합친 후 붙여진 이름

> 예시 마산시, 창원시, 진해시의 통합 후 도시명은 '창원시'

도농통합시
都農統合市
urban-rural integrated city

중심이 되는 도시와 그 주변 지역을 하나의 행정구역으로 통합한 도시의 형태

속칭지명
俗稱地名
vernacular toponym, choronym

인간에 의해 인지된 지역에 부여된 이름.
행정구역과 일치하지 않을 수 있음

> 예시 영남, 강남, 미국의 New England, Dixie, Deep South

지리적 실체
지형적 실체
地理的 實體, 地形的 實體
geographical feature, geographical entity, topographic feature

형태적 특성과 정체성을 가진 지표면 위의 인식가능한 사물

자연지형 / 自然地形
natural feature

강, 산, 바다, 고개 등 자연적으로 형성된 지리적 실체

자연지명 / 自然地名
natural feature name

자연지형에 부여된 이름

수로지형 / 水路地形
hydrographic feature

물로 구성된 지리적 실체

> 예시   강, 호수, 바다 등

수로지명 / 水路地名
hydronym

수로지형에 부여된 이름

50 | 지명의 종류 및 관련 용어

하천
河川
river, stream

지표에 흐르는 강, 천, 시내를 일컫는 말

하천지명
河川地名
river name

하천에 부여된 이름

해안
海岸
coast, seashore

바다와 육지가 접하고 있는 부분

해안지명
海岸地名
coast name

해안에 부여된 이름

해역
海域
body of waters

바다 위의 일정한 범위를 차지하는 영역이나 구역

해양지명 / 海洋地名 / maritime name

바다에 있는 수로지형의 이름. 해상지명과 해저지명을 포함함

해상지명 / 海上地名 / sea surface name

해양지명의 일부로서, 자연적으로 형성된 해역의 이름

해저지형 / 海底地形 / undersea feature

바다 표면 아래에 나타나는 지형

해저지명 / 海底地名 / undersea feature name

해양지명의 일부로서, 해저지형에 부여된 이름

> 예시 마리아나해구, 울릉분지, 한국대지, 동해해저협곡 등

호수지명 / 湖水地名 / lacustrine name

호수에 부여된 이름

52 | 지명의 종류 및 관련 용어

산악지명
山岳地名
oronym

수직적으로 구조화된 자연지형에 부여된 이름

> 예시 태백산맥, 개마고원, 지리산

지하지명
地下地名
underground toponym

지표면 아래에 있는 자연적, 인공적 실체의 이름

외계지형
外界地形
extraterrestrial feature

지구가 아닌 다른 행성 또는 위성에 위치한 지형적 실체

외계지명
外界地名
extraterrestrial name

외계지형에 부여된 이름

달지명 / lunar name

달에 부여된 외계지명

인공지형 / 人工地形
man-made feature, artificial feature

인간에 의해 만들어지거나 현저하게 변형된 지리적 실체

인공지명 / 人工地名
man-made feature name, artificial feature name

인공지형에 부여된 이름

> 예시 　한강대교, 용산역, 용마터널, 인천국제공항

역명 / 驛名
station name

역에 부여된 이름. 고속철도, 일반철도, 전철, 지하철의 역을 모두 포함함

54 | 지명의 종류 및 관련 용어

역명 병기
병기역명

驛名 倂記, 倂記驛名
dual naming of a station, dual station names

철도, 전철, 지하철의 역에 두 개의 이름을 부여하는 것 또는 그렇게 된 역명. 괄호를 사용할 수도 있음

예시 광주송정역, 김천(구미)역, 삼성(무역센터)역

역명 부기
부기역명

驛名 附記, 附記驛名
subsidiary naming of a station,
subsidiary station names

특정 필요에 의해 역명 뒤 괄호 안에 부가적인 이름을 부여하는 것 또는 그렇게 된 역명

예시 천안아산역(온양온천), 수원시청역(경기아트센터)

지명 제정 및 표준화 절차

Procedure of the
standardization of
toponyms

58 지명 제정 및 표준화 절차

지명 조사
地名 調査
names survey

특정 지역의 지명 관련 자료를 수집하고 기록하는 데에 관련된 활동

지명 제정
地名 制定
geographical naming

특정 지리적 실체에 고유명사로서의 지명을 부여하는 행위

지명 병기
地名 併記
dual naming, multiple naming

하나의 지리적 실체에 부여된 두 개 이상의 지명을 함께 표기하는 것

지명 생성
地名 生成
birth of a toponym

지명이 새롭게 생겨남

지명 형성   地名 形成
formation of a toponym

사회적, 문화적, 역사적 맥락에 따라 지명이 만들어지는 현상 또는 그렇게 만드는 행위

지명 유래   地名 由來
origin of a toponym

지명의 원천을 구성하는 언어, 역사, 사회, 문화, 지리적 요소를 포함한 지명 형성의 내용을 이르는 말

지명 개정
지명 개칭   地名 改定, 地名 改稱
renaming of a toponym

어떤 필요에 의해 지명을 변경하는 행위

지명 변화   地名 變化
change of a toponym

언어, 인문, 또는 자연적 배경에 의하여 지명이 바뀌는 과정

> 예시 '거문들'이 '거믄돌'로, 다시 '흑석'(黑石)으로 바뀌는 것

60 | 지명 제정 및 표준화 절차

지명 변천
地名 變遷
transition of a toponym

시간의 흐름에 따라 지명이 바뀌고 변하는 것

 서울이 한성부, 경성부, 서울특별자유시, 서울특별시로 바뀌어 온 것

지명 전환
地名 轉換
conversion of a toponym

한 언어의 지명을 다른 언어의 문자로 변환하는 것. 전환에는 전사(법)와 전자(법)가 있음

지명 복원
地名 復原
restoration of a toponym

어떤 사유에 의해 변경된 지명을 바뀌기 전의 지명으로 되돌리는 것

 일제 강점기에 의도적으로 변경된 지명을 원래의 지명으로 되돌리는 것

지명 소멸
地名 消滅
extinction of a toponym, death of a toponym

지명이 자연적, 언어적, 인위적 과정에 의해 동일한 위상의 지명으로 더 이상 사용되지 않는 현상

 하슬라(현재 강원도 강릉), 사비(현재 충청남도 부여)

표준화	標準化 standardization	

사물의 종류, 품질, 모양, 크기 등을 통일하기 위해 기준을
설정하는 것, 또는 그 기준에 의해 통일된 형태를 부여하는 것

지명표준화 地名標準化
standardization of a toponym

권위를 갖춘 기관이 특정 지리적 실체에 적용하기 위한
이름 사용의 조건과 정확한 표기 형태를 규정하는 것

표준화된 지명 標準化 地名, 標準地名
표준지명 standardized toponym

권위를 갖춘 기관에 의해 인정된 지명

국가지명표준화 國家地名標準化
national standardization of toponyms

한 국가의 범위 내에서 이루어지는 지명표준화

국제지명표준화 國際地名標準化
international standardization of toponyms

특정 국가의 영유권이 적용되지 않는 지리적 실체를
대상으로 이뤄지는 지명표준화

> **예시** 남극, 공해, 공해 상 해저지형의 지명표준화

지명 출판물 및 관리 업무

Toponymic publication
and management

66 지명 출판물 및 관리 업무

지도
地圖 map

지구 표면의 일부나 전체를 합의된 기호나 문자 등을 사용하여 평면상에 나타낸 그림

해도
海圖 chart, marine chart, nautical chart, navigational chart

연안 항해시 필요한 정보가 표시된 지도. 바다의 깊이, 항로(해로), 암초의 위치 등이 표시됨

지도집
地圖集 atlas

어떤 지역을 나타내기 위해 제작된 지도들의 집합체

 국가지도집, 사회과부도, 지리부도, 역사부도

국가지도집
國家地圖集 national atlas

한 국가의 영토, 인문, 자연환경 등의 내용을 신뢰도가 높은 자료를 이용해 다수의 주제도로 표현하고 체계적으로 편집하여 책으로 만든 것

 대한민국 국가지도집

지형도
地形圖 / topographic map

지표면의 형태 및 표면에 분포하는 사물을 상세하게 그린 지도.
등고선으로 땅의 고저를 나타내며, 수계, 토지 이용, 지명 따위를 표시함

주제도
主題圖 / thematic map

자연적, 인문적 주제의 지리적 분포와 특성을 표현한 지도

지리정보체계
地理情報體系 / geographic information system (GIS)

지리정보를 컴퓨터 데이터로 입력, 처리 및 산출하는 과정을 통합한 시스템.
인류의 의사결정에 필요한 지리정보의 관측, 수집, 보존, 분석, 출력 등을
모두 포함함

지명기구, 지명관리기구
地名機構, 地名管理機構 / names authority

지명의 표준화와 관리를 담당하는 국가 또는 지방의 조직

68 지명 출판물 및 관리 업무

지명표기 지침서
地名表記 指針書　　toponymic guidelines

한 국가의 지명표준화 규칙, 표준화된 지명을 지도와 지명목록집에 표시하는 방법 등에 대한 일련의 규정을 수록한 문서

 국토지리정보원에서 발간한『대한민국 지명의 국제적 표기 지침서(2012년 제1판, 2015년 제2판)』

지명표준화 편람
地名標準化 便覽　　guidelines for the standardization of geographical names

지명의 표준화 과정에 적용되는 기준과 원칙을 제정하고, 지명 관련 업무의 효율성을 제고하기 위해 편찬된 지침서

 대한민국 국토지리정보원에서 발간한『지명 표준화 편람(2005년 초판, 2012년 제2판, 2018년 제3판)』

지명용어사전, 지명용어집
地名用語辭典, 地名用語集　　glossary of terms for the standardization of geographical names

지명 관련 연구 및 관리 분야에서 쓰는 용어의 개념을 풀이한 사전. 용어에 대한 설명과 용례 등을 수록함

지명목록집
地名目錄集 / toponymic gazetteer

일련의 지명을 위치, 별칭, 유형, 기타 정보와 함께 수록한 목록

지명 데이터베이스
toponymic database

특정 지역의 지명 목록을 정리하여 디지털 자료로 전환한 후 컴퓨터로 관리하고 손쉽게 검색할 수 있게 만든 파일의 모음

참고문헌

References

72 참고문헌 References

姜秉倫, 1998, "地名語 硏究史," 지명학, 1, 219-276.
_____, 1999, "都農複合地域의 道路名 附與에 관한 硏究," 지명학, 2, 5-38.
강송아, 박철웅, 2014, "옥녀봉의 지형경관 특성과 장소성," 지명학, 20, 5-38.
강영봉, 오창명, 2003, "제주도 고문서의 지명 연구," 지명학, 9, 107-165.
강창숙, 2010, "세계지리 교과서에서 동아시아의 지명 표기와 위치의 문제," 한국지역지리학회지, 16(2), 182-200.
강헌규, 2001, "춘향전에 나타난 어사또 이몽룡의 남원행 경유지명(經由地名)의 고찰(1)," 지명학, 6, 5-82.
_____, 2002, "춘향전에 나타난 어사또 이몽룡의 남원행 경유지명(經由地名)의 고찰(2)," 지명학, 7, 5-45.
강희순, 범선규, 2005, "거제시 마을 이름에 대한 자연지리적 해석: 지형, 기상, 토양 관련 마을 이름을 중심으로," 한국지역지리학회지, 11(5), 368-382.
高永根, 2008, "희방사 창건설화와 '池叱方(寺)'의 해독에 대하여," 지명학, 14, 5-17.
곽재용, 2007, "지역 교육 자료 구축을 위한 경상남도 지명의 언어지리학적 연구 방법," 지명학, 13, 5-46.
_____, 2010, "통합도시명 '창원시'의 제정 경위와 타당성 검토," 지명학, 16, 5-48.
_____, 2011, "땅이름 '지리산' 고찰," 지명학, 17, 5-34.
_____, 2015, "하동군 법정리의 전부지명소 고찰," 지명학, 22, 5-42.
_____, 2016, "옛 사람들의 〈지리산 유람록〉에 나타난 지리산 관련 지명," 지명학, 25, 5-32.
_____, 2017, "하동군의 지리산 관련 지명 연구," 지명학, 26, 5-31.
_____, 2018a, "경상남도 산청군의 법정리 이름 분석," 지명학, 28, 5-40.
_____, 2018b, "경상남도 함양군의 법정리 이름 분석," 지명학, 29, 5-39.
_____, 2019, "전라남도 구례군의 법정리 이름 분석," 지명학, 30, 5-36.
권면주, 2017, "익산 지역 고유어 지명에 대응하는 한자어 지명 고찰," 지명학, 27, 5-33.
권선정, 2004, "지명의 사회적 구성-과거 懷德縣의 宋村을 사례로," 국토지리학회지, 38(2), 167-181.
_____, 2008, "지명 경관을 통한 장소 의미의 구성," 문화역사지리, 20(3), 15-30.
_____, 2010, "풍수 지명과 장소 의미," 문화역사지리, 22(1), 19-32.
_____, 2018, "조선후기 고지도에 재현된 풍수 관련 지명 및 풍수적 특성 연구," 지명학, 28, 40-71.
_____, 2019, "지명의 이원적 대비구조와 장소 의미 – 대전·충남·세종 지역을 중심으로 –," 지명학, 30, 37-84.
권재선, 2002a, "'곰배, 님배'의 어원과 의미 고찰," 지명학, 8, 5-28.
_____, 2002b, "대구, 경산, 청도의 옛 지명 연구," 지명학, 7, 47-87. 29-56.
_____, 2003, "「地名偶合」을 「豫言性地名」으로 보고자 하는 용어선택에 대한 일 고찰," 지명학, 9, 5-16.
김기혁, 윤용출, 2006, "조선-일제 강점기 울릉도 지명의 생성과 변화," 문화역사지리, 18(1), 38-62.
김남신, 2010, "지명 데이터베이스 구축을 통한 웹지도화 방안," 한국지역지리학회지, 16(4), 428-439.
김무림, 1999, "「三國史記」 복수 음독 지명 자료의 음운사적 과제," 지명학, 2, 39-59.
_____, 2005, "춘향전에 나온 '충청도 고마수영 보련암'에 대하여," 지명학, 11, 5-20.
_____, 2006, "『계림유사』의 기저 모음론," 지명학, 12, 5-31.
金武林, 2011, "古代國語 借音字 異文 硏究," 지명학, 17, 35-58.
金秉旭, 1999, "음운 규칙의 예외에 대한 연구," 지명학, 2, 61-82.

김선희, 2008, "[五萬分一地形圖] 에 나타난 20세기 초 한반도의 지명 분포와 특성," 대한지리학회지, 43(1), 87-103.
김순배, 2004, "地名 變遷의 地域的 要因: 16세기 이후 大田 지방의 漢字 地名을 사례로," 문화역사지리, 16(3), 65-85.
_____, 2009, "하천 지명의 영역과 영역화," 지명학, 15, 5-31.
_____, 2010a, "지명의 스케일 정치," 문화역사지리, 22(2), 15-37.
_____, 2010b, "지명의 이데올로기적 기호화 – 유교·불교·풍수 지명을 중심으로," 문화역사지리, 22(1), 33-59.
_____, 2010c, "충청 지역의 지명 연구 동향과 과제," 지명학, 16, 49-85.
_____, 2011, "하남(河南) 지역의 지명 변천," 지명학, 17, 61-104.
_____, 2012, "비판적-정치적 지명 연구의 형성과 전개," 지명학, 18, 27-73.
_____, 2013, "한국 지명의 표준화 역사와 경향," 지명학, 19, 5-70.
_____, 2014, "설악산권 자연지명의 의미와 지명 영역의 변화–'설악'과 '한계'를 중심으로," 지명학, 21, 37-78.
_____, 2015, "백두대간 고개 지명의 분포와 변천," 지명학, 23, 5-74.
_____, 2016, "한국 도로명의 명명 유연성 연구," 지명학, 25, 33-93.
김순배, 김영훈, 2010, "지명의 유형 분류와 관리 방안," 대한지리학회지, 45(2), 201-220.
김순배, 류제헌, 2008, "한국 지명의 문화정치적 연구를 위한 이론의 구성," 대한지리학회지, 43(4), 599-619.
김양진, 2009, "『朴通事』에 등장하는 몇몇 난해 지명에 대하여," 지명학, 15, 33-61.
_____, 2010, "『高麗史』〈食貨志〉漕運 條 所載의 몇몇 地名에 대하여," 지명학, 16, 193-226.
_____, 2014, "지명 연구의 국어 어휘사적 의의," 지명학, 21, 79-121.
金永萬, 1998, "地名 散考," 지명학, 1, 129-162.
_____, 2004, "地名 二題," 지명학, 10, 5-26.
_____, 2007, "신라 지명 喙(훼)와 啄(탁)의 字音上 모순을 어떻게 볼 것인가," 지명학, 13, 47-84.
김영일, 2001a, "고대지명에 나타나는 알타이어 요소," 지명학, 6, 83-92.
_____, 2001b, "한국 지명의 로마자 표기," 지명학, 6, 83-92.
김정태, 2006, "'바위'(岩) 소재 지명어의 명명 근거와 전부지명소(1)," 지명학, 12, 33-67.
_____, 2007, "'바위(岩)' 소재 지명어의 명명 근거와 전부지명소(2)," 지명학, 13, 85-111.
_____, 2014, "문화유산으로서의 지명에 대한 국어 정책적 접근," 지명학, 20, 39-65.
_____, 2016, "세종시 마을, 도로 등 명칭 제정의 성과와 의미," 지명학, 24, 5-40.
_____, 2017, "지명 형성의 한 유형에 대하여," 지명학, 26, 33-62.
_____, 2019, "전래지명의 언어와 문화에 대한 시론적 고찰," 지명학, 30, 85-110.
김정태, 성희제, 2001, "전남 고흥의 나로도 지명어 고찰," 지명학, 5, 5-27.
金正鎬, 2000, "아리랑의 어원 및 계통에 대한 攷," 지명학, 4, 5-57.
김종택, 1998, "'居昌郡本居烈郡 或云 居陁' 연구," 지명학, 1, 187-200.
_____, 2000, "押梁/押督·奴斯火/其火 연구," 지명학, 3, 5-26.
_____, 2001, "고대 국어 지명접미사 '-pəl'의 분포 양상," 지명학, 5, 29-46.
_____, 2002, "於乙買(串)를 다시 해독함," 지명학, 7, 89-110.
_____, 2003, "지명소 '-등-'의 형태와 의미," 지명학, 9, 17-33.

참고문헌 References

김종택, 2004, "일본 왕가의 본향 '高天原'은 어디인가," 지명학, 10, 27-59.
金鍾學, 2000, "古代 地名語素 '忽'에 대하여," 지명학, 3, 27-43.
_____, 2004, "古代 地名語素 '巴衣·波衣·波兮'의 漢譯에 대하여," 지명학, 10, 61-75.
_____, 2009, "訓借 地名語素의 새김 變遷攷," 지명학, 15, 63.-87.
김종혁, 2008, "고지명 데이터베이스를 통한 19세기 지명의 지역별· 유형별 분포 특징," 문화역사지리, 20(3), 51-78.
_____, 2009, "[구한말 한반도 지형도] 에 수록된 지명의 유형 분포" 문화역사지리, 21(2), 58-75.
金俊榮, 1998, "韓國 小地名의 語源," 지명학, 1, 13-34.
김준영, 2000a, "지명 건지산·공수골·마전·금산·봉산의 말밑," 지명학, 3, 45-52.
_____, 2000b, 소지명의 말밑," 지명학, 4, 59-67.
김지은, 양보경, 2010, "서양 고지도에 나타난 제주의 지명과 형태," 문화역사지리, 22(2), 38-49.
金眞植, 2003, "自然部落名의 後部要素 硏究," 지명학, 9, 36-60.
김진식, 2005, "외부 준거에 따른 자연마을 명명," 지명학, 11, 21-66.
김학범, 장동수, 1993, "지명속에 나타난 한국마을숲의 의미적 유형에 관한 연구," 문화역사지리, 5, 33-51.
남영우, 1997, "두모계 고지명의 기원 (The Origin of the Ancient Place Name, Dumo)," 대한지리학회지, 32(4), 479-490.
도수희, 1998a, "『地名學』을 창간하며," 지명학, 1, 5-11.
_____, 1998b, "지명 차자 표기 해독법," 지명학, 1, 85-128.
_____, 2000, "옛지명 해석에 관한 문제들," 지명학, 3, 53-69.
_____, 2002, "嶺東지역의 옛 지명에 대하여," 지명학, 8, 57-68.
_____, 2002, "지명·인명의 차자표기에 관한 해독문제," 지명학, 7, 111-135.
_____, 2003, "옛 지명 「裳·巨老·買珍伊」에 관한 문제," 지명학, 9, 61-81.
_____, 2004, "지명해석의 한 방법에 대하여," 지명학, 10, 77-96.
_____, 2005, "榮山江의 어원에 대하여," 지명학, 11, 67-87.
_____, 2006, "행정중심복합도시 지명 제정에 관한 제 문제, 12, 69-89.
_____, 2007, "지명어 음운론," 지명학, 13, 113-145.
_____, 2012, "지명 연구 방법론에 대한 반성," 지명학, 18, 5-25.
_____, 2014, "『삼국사기』 〈지리지〉에 관한 제 문제," 지명학, 20, 67-103.
_____, 2014, "한국『地理誌』에 대한 새로운 이해," 지명학, 21, 5-35.
도수희, 2018, "한국지명학회 20년의 회고와 전망," 지명학, 28, 73-96. 지명학, 17, 105-140.
미즈노 슈페이, 2011, "'구한말 한반도 지형도' 지명의 자료적 가치에 대하여,"
_____, 2012, ""구한말 한반도 지형도" 지명에 나타난 ㄱ구개음화 현상에 대하여," 지명학, 18, 75-95.
_____, 2013, ""구한말 지형도" 지명에 나타나는 '뫼(山)' 등의 분포 양상에 대하여," 지명학, 19, 71-89.
_____, 2014, "일제 강점기 지형도(제3차 지형도, 기본도)에 나타난 지명의 자료적 성격," 지명학, 21, 123-149.
朴德裕, 1999, "仁川地域의 中學校名 硏究," 지명학, 2, 83-108.

朴德裕, 2002, "仁川의 行政區域 地名語 硏究(1)," 지명학, 8, 69-92.
_____, 2007, "仁川地域 지하철 驛名 연구," 지명학, 13, 147-177.
_____, 2008, "부천 지명의 변천에 대하여," 지명학, 14, 19-41.
_____, 2010, "仁川市 行政區域 名稱과 學校 名稱에 관한 연구," 지명학, 16, 87-118.
_____, 2019, "전국 광역시 행정구역 명칭 고찰," 지명학, 31, 5-33.
박덕유, 박지인, 2017, "행정구역 구(區) 명칭 개정 연구," 지명학, 26, 63-102.
박덕유, 박지인, 천지아, 2014, "인천시 行政區域 명칭과 교회 명칭에 관한 연구," 지명학, 21, 150-183.
朴秉喆, 1999, "道路名 後部要素 名稱 附與에 관한 硏究," 지명학, 2, 109-133.
_____, 2003, "音譯에 의한 地名語의 漢字語化에 관한 硏究," 지명학, 9, 83-106.
_____, 2006, "行政中心複合都市 名稱 制定의 經過와 展望," 지명학, 12, 91-128.
_____, 2008, "道路名 前部要素 名稱 附與에 관한 基礎的 硏究," 지명학, 14, 43-79.
_____, 2010, "高速鐵道 驛名 制定의 經過와 課題," 지명학, 16, 119-156.
_____, 2014, "'소'계 地名을 통하여 본 地名語의 特徵과 價値," 지명학, 20, 106-135.
_____, 2015, "淸州의 행정구역 명칭에 관한 歷史的 考察," 지명학, 23, 75-102.
_____, 2016, "洞里名의 形成과 變遷에 관한 歷史的 考察," 지명학, 25, 95-128.
_____, 2017a, "洞里名의 形成과 變遷에 관한 硏究," 지명학, 26, 103-145.
_____, 2017b, "調査資料 地名을 대상으로 한 言語學的 硏究 成果와 課題," 지명학, 27, 35-86.
_____, 2018, "朝鮮後期의 地理志와 地名," 지명학, 28, 97-131.
_____, 2019, "일제강점기 이후의 지명 관련 자료집 편찬과 지명," 지명학, 30, 111-155.
朴盛鐘, 2001, "지명 조사 방법론의 한 모색," 지명학, 6, 93-120.
박승홍, 2010, "于尸山國考," 지명학, 16, 157-191.
_____, 2011, "우륵 출신지 省熱縣 위치 비정의 재검토," 지명학, 17, 141-178.
박용식, 2007, "지명의 대표형 설정과 표기에 대해," 지명학, 13, 179-199.
_____, 2014, "〈진양지(晉陽誌)〉에 나타나는 진주의 고지명 고찰(1)," 지명학, 20, 137-159.
_____, 2018, "〈조선지지자료〉 마을 이름," 지명학, 29, 41-63.
_____, 2019, "'구한말 한반도 지형도' 표기의 특징 -'진주'를 중심으로-," 지명학, 31, 35-60.
박용식, 김성주, 2012, "땅이름 진주(晉州) 남강(南江)의 통합적 고찰," 지명학, 18, 97-117.
박태화, 1999, "영남지방 지명에 관한 연구: 창녕군, 봉화군, 남해군의 경우," 한국지역지리학회지, 5(1), 1-24.
배미애, 2004, "안동부 고지도의 유형별 수록지명 연구," 한국지역지리학회지, 10(3), 511-538.
백두현, 정연정, 2019, "『음식디미방』의 '맛질방문' 재론," 지명학, 30, 157-205.
변승구, 2015, "시조에 나타난 '지명'의 수용양상과 의미," 지명학, 23, 103-140.
선한빛, 2015, "곡성과 완도의 '골'(谷) 소재 후부지명소 대비 연구," 지명학, 22, 43.-67.
성희제, 2006, "지명어의 구성," 지명학, 12, 129-156.
_____, 2010, "전래지명어의 후부지명소 설정 문제에 대하여," 지명학, 16, 245-265.
_____, 2012, "충청권 지명 연구의 성과와 과제," 지명학, 18, 119-159.

참고문헌 References

성희제, 2014, "한국 내륙지명어와 해안지명어의 대비 연구," 지명학, 21, 184-212.
_____, 2017, "한국 지명의 구성과 용어 문제," 지명학, 27, 87-120.
_____, 2018, "한국 지명의 구조와 형성," 지명학, 29, 65-93.
손희하, 2012, "고지도에 나타난 '관매도' 표기 연구," 지명학, 18, 161-213.
_____, 2013, "제주 지역 지명 연구 성과와 동향," 지명학, 19, 5-38.
_____, 2014a, "현행 도로 명 주소의 제 문제점과 대안," 지명학, 20, 161-187.
_____, 2014b, "호남 지역 지명 연구 성과와 동향," 지명학, 21, 214-268.
_____, 2015, "고지도에 나타난 '무등산' 연구," 지명학, 23, 141-174.
_____, 2017, "지명 소멸의 현황과 원인," 지명학, 27, 121-144.
宋基中, 2001, "近代 地名에 남은 訓讀 表記," 지명학, 6, 177-216.
申景澈, 2004, "원주지역 한자어 지명에 대하여," 지명학, 10, 97-112.
신종원, 2012, "울산 대왕암의 명칭과 유래," 지명학, 18, 215-243.
심보경, 2000, "일본 고대 武藏國 지명에 반영된 한국의 동물 지명 어휘 [馬(uma)]에 대하여," 지명학, 4, 69-84.
_____, 2004, "GIS를 활용한 소지명 지도 제작을 위한 연구," 지명학, 10, 113-135.
_____, 2010, "국어사 자료로서 [幡羅(hatara)]," 지명학, 16, 227-243.
_____, 2017, "공공시설 명칭 제정·개정에 대한 제언," 지명학, 27, 145-165.
_____, 2019, "강원도 지명사전 편찬을 위한 방향 모색," 지명학, 31, 61-95.
심정보, 2007, "사회과 지리 영역에서 지명교육의 현상과 필수지명의 선정," 한국지리환경교육학회지 (구 지리환경교육), 15(2), 125-140.
양보경, 정치영, 2006, "한국 지명의 업무체계와 지명 업무의 활성화 방안," 문화역사지리, 18(3), 73-90.
오영록, 2019, "충남 공주 태생 작가의 소설에 나타난 지명과 지역의식 – 창작자 및 연구자 조동길의 작품을 중심으로 –," 지명학, 31, 97-116.
오일환, 김기수, 2004, "18세기 서양고지도에 나타난 우리나라와 제주도-형태와 명칭표기 변화를 중심으로," 문화역사지리, 16(1), 113-122.
吳昌命, 1999, "제주도지명 표기와 해독, 설명의 문제점," 지명학, 2, 135-153.
오창명, 2006, "제주도 연대 이름[烟臺名] 연구," 지명학, 12, 157-206.
_____, 2008, "「영주산대총도(瀛洲山大總圖)」의 제주 지명," 지명학, 14, 81-99.
_____, 2009, "제주의 고유 '개[浦]' 이름," 지명학, 15, 109-137.
_____, 2011, "『조선지지자료』의 제주 지명(1)," 지명학, 17, 179-210.
_____, 2014a, "전라남도 완도군 '넙도'의 지명 분석 연구," 지명학, 21, 270-293.
_____, 2014b, "제주의 자연지명, 무엇이 문제인가?," 지명학, 20, 189-214.
_____, 2015, "일제강점기의 제주 지명," 지명학, 23, 175-194.
_____, 2016, "전라남도 三馬島의 지명 고찰," 지명학, 25, 129-153.
_____, 2017, "『耽羅十景圖』의 제주 지명," 지명학, 26, 147-181.
_____, 2018, "康熙13年(1674) 都許與明文과 제주 지명," 지명학, 28, 133-157.

오창명, 2019, "일제강점기 1대 5만 지형도(1918~1919) 지명의 허실 – 제주도 지명을 중심으로 –," 지명학, 31, 117-139.
왕묘페이, 2015, "후부요소에 의한 마을 이름 비교 고찰," 지명학, 22, 69-116.
위평량, 2000, "전남 동부 지역의 마을 이름 연구," 지명학, 3, 71-91.
＿＿＿, 2002, "해안과 내륙의 마을 이름 비교 연구," 지명학, 8, 93-112.
兪昌均, 2000, "古代地名表記 字音의 上古音的 特徵," 지명학, 4, 139-164.
이강로, 2001, "加知奈·加乙奈→ 市津의 해독에 대하여," 지명학, 5, 47-66.
이강원, 2008, "중국의 행정구역과 지명 개편의 정치지리학: 소수민족지구를 중심으로," 한국지역지리학회지, 14(5), 627-641.
＿＿＿, 2010, "白頭山·天池 地名에 대한 일고찰: 韓·中 지명표기를 중심으로," 국토지리학회지, 44(2), 129-141.
이건식, 2008, "黃胤錫의 1775년 全國 地理誌 編纂 凡例의 특징 분석," 지명학, 14, 101-150.
＿＿＿, 2015, "고려 시대 차자 표기 漕運浦口名 未音浦/鹵水浦 해독," 지명학, 23, 195-226.
＿＿＿, 2016, "중국식 한자 지명 표기의 음가적 표음성과 비상관적 표의성," 지명학, 25, 155-222.
＿＿＿, 2018, "조선시대 부평부 洞里村名 후부 요소의 특징에 대하여," 지명학, 29, 95-148.
이근열, 2007, "부산 기비현(其比峴) 말밑 연구," 지명학, 13, 201-233.
＿＿＿, 2012, "영남 지역 지명 연구의 성과와 과제," 지명학, 18, 245-302.
＿＿＿, 2016, "부산 괘법동 지명 연원," 지명학, 24, 41-69.
＿＿＿, 2018a, "부산 기장 읍성 주변 산명 변화 연구," 지명학, 29, 149-177.
＿＿＿, 2018b, "부산 기장군 '대변(大邊)' 지명 어원 연구," 지명학, 28, 159-187.
이근열, 이병운, 2015, "부산 동구 동명의 연원," 지명학, 23, 227-257.
＿＿＿, 2019, "부산 기장 고지도 지명 색인 오류 연구," 지명학, 31, 141-167.
이근열, 정선영, 2017, "부산 금정산(金井山) 어원 연구," 지명학, 26, 183-208.
이기봉, 2005, "《靑邱圖》와《東輿圖》의 지명 위치 비정에 대한 일고찰: 충청도의 해미현을 사례로," 문화역사지리, 17(1), 84-102.
이기석, 2004, "지리학 연구와 국제기구-동해명칭의 국제표준화와 관련하여," 대한지리학회지, 39(1), 1-12.
이돈주, 1998, "땅이름(지명)의 자료와 우리말 연구," 지명학, 1, 163-185.
이민부, 전종한, 2005, "'楸哥嶺'지명에 관한 지형학 및 역사지리적 해석," 문화역사지리, 17(1), 47-65.
李炳銑, 1998, "韓日地名의 比較硏究와 古代 韓日關係," 지명학, 1, 35-49.
＿＿＿, 2000, "日王家 祖上의 故地와 日本 南九州의「韓國」考," 지명학, 3, 93-116.
＿＿＿, 2001, "tara(城)語와 多羅地名에 대하여," 지명학, 5, 67-95.
＿＿＿, 2002, "阿羅, 安羅 地名의 語源과 그 比定問題," 지명학, 7, 137-169.
이병운, 1999, "일본 지명 표기의 특징," 지명학, 2, 171-184.
＿＿＿, 2016, "沙背也峴 연원 연구," 지명학, 25, 223-250.
이부오, 2008, "『三國史記』 地理志에 기재된 삼국 지명 분포의 역사적 배경," 지명학, 151-186.
이상신, 2018, "『이재난고(頤齋亂藁)』의 한글 표기 지명 연구," 지명학, 29, 179-211.
이상태, 2004, "서양 고지도에 나타난 東海 표기에 관한 연구," 문화역사지리, 16(1), 157-164.

참고문헌 References

이수진, 2015, "영광 해안 지명어의 특징 분석," 지명학, 22, 117-147.
이영희, 2006, "지명 속에 나타난 북한 개성시의 자연경관특성," 대한지리학회지, 41(3), 283-300.
이영희, 2010, "지명을 통한 장소정체성 재현과 지명영역의 변화: 충주지역 지명을 사례로," 한국지역지리학회지, 16(2), 110-122.
李勇, 2006, "지명 '도끼말'의 어원을 찾아서," 지명학, 12, 207-218.
이욱, 2009, "풍수형국론이 지명형성에 미친 영향," 지명학, 15, 139-178.
이장희, 2001, "「三國史記」 地理志 지명의 작명 주체와 시기," 지명학, 6, 217-247.
＿＿＿, 2002, "고대 국어 자료 오류의 비정," 지명학, 8, 113-137.
＿＿＿, 2006, "고구려어의 '돼지'에 대하여," 지명학, 12, 219-245.
李正龍, 2013, "鏡城의 鏡에 대한 언어적 인식," 지명학, 19, 125-150.
＿＿＿, 2014, "吐含山 지명에 대하여," 지명학, 21, 294-326.
＿＿＿, 2017, "독도 지명 연구," 지명학, 26, 209-252.
＿＿＿, 2018, "허왕후의 가락국 도래 행처와 행로 파악," 지명학, 29, 233-271.
＿＿＿, 2019, "신라 在城에 대하여", 지명학, 31, 169-206.
＿＿＿, 2000, "'西'의 고유어 고찰," 지명학, 4, 85-107.
＿＿＿, 2005, "借字 表記「美·好」에 對하여," 지명학, 11, 29-109.
＿＿＿, 1998, "國語 俗談의 地名語 硏究며," 지명학, 1, 51-94.
이홍란, 2015, "완도와 해남의 '골짜기(谷)' 이름 비교 연구," 지명학, 22, 149-182.
임종욱, 김기혁, 2010, "목판본 [대동여지도]의 지명 연구," 문화역사지리, 22(3), 122-141.
전영권, 2006, "고문헌의 지명에서 나타난 한국인의 전통 지형관-대구지역을 사례로," 한국지형학회지, 13(4), 9-17.
정영숙, 2000, "동명사어미 'ㄹ'의 사적 고찰," 지명학, 3, 117-132.
＿＿＿, 2001, "지명어 '갑/압/곶/구'에 대하여," 지명학, 6, 249-266.
정원수, 1999, "경북방언 지명의 성조 변동," 지명학, 2, 185-202.
정치영, 2005, "마을명 분석을 통한 마을 입지 및 지역성 연구: 경기도와 함경도의 비교," 문화역사지리, 17(2), 58-73.
＿＿＿, 2006, "조선말기 농작물 관련 마을명의 분포와 특성," 문화역사지리, 18, 16-37.
정호완, 1999, "'가락(駕洛)'의 거북신 상징," 지명학, 2, 203-233.
＿＿＿, 2005, "대마도 지명의 문화론적 모색," 지명학, 11, 111-133.
＿＿＿, 2008, "가락(駕洛)의 표기와 분포," 지명학, 14, 187-209.
조강봉, 1999, "두 江·川이 합해지는 곳의 지명 어원(Ⅰ)," 지명학, 2, 235-262.
＿＿＿, 2000, "'nVrV'계 지명에 대한 揷疑" 지명학, 4, 109-138.
＿＿＿, 2004, "광주광역시 박호동 지역 지명연구," 지명학, 10, 137-174.
＿＿＿, 2005, "광주광역시 등림동(내등) 지역 지명 연구," 지명학, 11, 135-164.
＿＿＿, 2006, "성(城)을 소재로 한 지명 연구," 지명학, 12, 247-284.
＿＿＿, 2007, "[자료편]: 『頤齋亂藁』소재 한글표기 語彙 資料," 지명학, 13, 278-287.
＿＿＿, 2008, "울릉도·독도의 지명 연구," 지명학, 14, 211-252.

조강봉, 2009, "'벌·법'형 지명의 어원 연구," 지명학, 15, 179-216.
_____, 2016, "武珍, 馬突·馬珍·馬等良, 難珍阿·月良, 難等良, 月奈에 대하여," 지명학, 24, 71-97.
조성욱, 2007, "사회적 영향에 의한 지명 변화의 원인과 과정: 전북 진안군 지명을 사례로," 한국지역지리학회지, 13(5), 526-542.
_____, 2008, "지명 '호남(湖南)'의 형성과 지리적 범위 변화 가능성," 한국지역지리학회지, 14(3), 199-211.
趙宰亨, 2017, "古朝鮮 地名 '浿水'에 대한 考察," 지명학, 26, 252-285.
조항범, 2001, "'地名 語源 辭典' 편찬을 위한 예비적 고찰," 지명학, 6, 267-292.
_____, 2015, "세종특별자치시 芙江面 소재 '마을' 이름의 어원과 유래에 대하여," 지명학, 23, 259-293.
_____, 2017, "'벼랑' 관련 어휘의 通時的 考察," 지명학, 26, 273-330.
주성재, 2011, "유엔의 지명 논의와 지리학적 지명연구에의 시사점," 대한지리학회지, 46(4), 442-464.
_____, 2019, "다차원적 비판지명학 연구를 위한 과제," 대한지리학회지, 54(4), 449-470.
천소영, 1998, "「빗-, 별」(斜·崖)형 지명에 대하여," 지명학, 1, 201-217.
_____, 2001, "지명연구에 쓰이는 술어에 대하여," 지명학, 5, 97-118.
_____, 2002, "'mVrV'형 지명어 再考," 지명학, 7, 171-197.
_____, 2007, "지명 관용어에 대하여," 지명학, 13, 235-273.
천인호, 2011, "지명형성의 풍수담론," 지명학, 17, 211-248.
_____, 2012, "풍수지리적 관점에서 본 마산·창원·진해 통합시 명칭제언," 지명학, 18, 303-330.
최남희, 1999, "신라 지명 표기 한자음 형성 기층과 상고 자음 운미의 반영에 대하여," 지명학, 2, 263-301.
최은영, 2014, "전부지명소 '민-'에 대하여," 지명학, 21, 328-351.
_____, 2015, "전부지명소 '새-'의 의미와 이형태," 지명학, 22, 183-206.
_____, 2016, "전부지명소 '달-'의 의미와 이형태," 지명학, 24, 99-122.
_____, 2018, "수 관련 지명형태소에 대하여," 지명학, 29, 273-301.
최중호, 2008, "고구려 지명 '首知衣' 연구," 지명학, 14, 253-277.
한국지명학회, 2007, 한국지명연구, 한국문화사
한순미, 2013, "소설 속의 지명과 감성지도," 지명학, 19, 151-188.
한승주, 2018, "완도군 '생일도' 지명에 관한 연구," 지명학, 29, 303-339.
한주희, 2016, "통사적 구성의 단어화," 지명학, 24, 123-143.
_____, 2017, "지명어 형성 기제와 의미 합성성," 지명학, 26, 331-354.
_____, 2019, "지명 호칭어와 지칭어의 사회언어학적 의미," 지명학, 30, 208-232.
황금연, 2000, "'잉-'·'인-'형 지명의 한 해석," 지명학, 3, 133-154.
_____, 2013, "지명어의 전부요소 '크다[大]'계열의 고찰," 지명학, 19, 189-226.
_____, 2015, "지명접미사의 설정과 변화," 지명학, 23, 295-320.
_____, 2019, "'벼랑' 계열의 어휘 고찰 - 전남지역의 지명어와 방언을 중심으로-," 지명학, 30, 233-271.
황인덕, 2013, "'신틀(털)-'류 지명의 배경적 고찰," 지명학, 19, 227-265.

색인

Index

82 | 색인 Index

ㄱ

기부언어	寄附言語	24
가속성요소	假屬性要素	22
고유요소	固有要素	21
고유지명	固有地名	21
고지명	古地名	39
공식지명	公式地名	37
공인지명	公認地名	37
국가지도집	國家地圖集	66
국가지명표준화	國家地名標準化	61
국제음성문자	國際音聲文字	29
국제지명표준화	國際地名標準化	61
근원지명	根源地名	26
기념지명	紀念地名	40
기본지명	基本地名	36
기부문자	寄附文字	24

ㄷ

달지명		53
대비지명	對比地名	40
대상문자	對象文字	25
대상언어	對象言語	25
대안지명	代案地名	37
도농통합시	都農統合市	48
도로명	道路名	47
도로명주소	道路名住所	47
두문자어	頭文字語	32

ㄹ

로마자 표기 표		31
로마자 표기(법)		31
로마자 전환		31
로마자화		31

ㅁ

매개어	媒介語	20
명명	命名	13
명명학	命名學	14
명칭	名稱	13
민족명칭	民族名稱	41

ㅂ

발음구별부호	發音區別符號	24
방언	方言	23
방위지명	方位地名	40
법정동/리	法定洞/里	46
법정지명	法定地名	46
변용지명	變容地名	37
별칭지명	別稱地名	37
병기역명	倂記驛名	54
병기지명	倂記地名	37
보통명사화 지명	普通名詞化 地名	26
복수지명	複數地名	37
부기역명	附記驛名	54
비판지명학	批判地名學	15

ㅅ

산악지명	山岳地名	52
소수민족지명	少數民族地名	41
속성요소	屬性要素	22
속성지명	屬性地名	22
속지명	俗地名	38
속칭지명	俗稱地名	48
수로지명	水路地名	49
수로지형	水路地形	49
수혜문자	受惠文字	25
수혜언어	受惠言語	25
숫자지명	數字地名	41

ㅇ

약식지명	略式地名	36
약칭지명	略稱地名	36
언어공동체	言語共同體	23
언어권	言語圈	22
언어지역	言語地域	22
역명 병기	驛名 倂記	54
역명 부기	驛名 附記	54
역명	驛名	53
역사지명	歷史地名	39
외계지명	外界地名	52
외계지형	外界地形	52
외래지명	外來地名	39
원천문자	源泉文字	24
원천언어	源泉言語	24
원천지명	源泉地名	25

음독지명	音讀地名	27
음역	音譯	28
음차표기	音借表記	26
인공지명	人工地名	53
인공지형	人工地形	53

ㅈ

자연지명	自然地名	49
자연지형	自然地形	49
전래지명	傳來地名	38
전부지명소	地名形態素	21
전부지명형태소	前部地名形態素	21
전사	轉寫	30
전사법	轉寫法	30
전사표	轉寫表	30
전자	轉字	30
전자법	轉字法	30
전자표	轉字表	31
전환표	轉換表	32
정식지명	正式地名	36
종지명호칭어	從地名呼稱語	29
주소	住所	13
주제도	主題圖	67
지도	地圖	66
지도집	地圖集	66
지리적 실체	地理的 實體	48
지리정보체계	地理情報體系	67
지명	地名	12

색인 Index

ㅈ

지명 개정	地名 改定	59
지명 개칭	地名 改稱	59
지명 데이터베이스		69
지명 변천	地名 變遷	60
지명 변화	地名 變化	59
지명 병기	地名 倂記	58
지명 복원	地名 復原	60
지명 생성	地名 生成	58
지명 소멸	地名 消滅	60
지명 유래	地名 由來	59
지명 전환	地名 轉換	60
지명 제정	地名 制定	58
지명 조사	地名 調査	58
지명 표기	地名 表記	14
지명 형성	地名 形成	59
지명 호명	地名 呼名	15
지명관리기구	地名管理機構	67
지명기구	地名機構	67
지명목록집	地名目錄集	69
지명소	地名素	20
지명어	地名語	20
지명영역	地名領域	
지명용어사전	地名用語辭典	68
지명용어집	地名用語集	68
지명표기 지침서	地名表記 指針書	68
지명표준화	地名標準化	61
지명표준화 편람	地名標準化 便覽	68
지명학	地名學	12
지명형태소	地名形態素	20
지번주소	地番住所	47
지역	地域	12
지칭	指稱	13
지하지명	地下地名	52
지형도	地形圖	67
지형적 실체	地形的 實體	48

ㅊ

차자	借字	28
차자표기	借字表記	28
초국경지명	超國境地名	38

ㅌ

토착언어	土着言語	23
토착지명	土着地名	39
통합도시명	統合都市名	48

ㅍ

표기	表記	14
표기법	表記法	14
표준어	標準語	20
표준지명	標準地名	61
표준화	標準化	61
표준화된 별칭지명	標準化 別稱地名	37
표준화된 지명	標準化 地名	61
표준화된 토착지명	標準化 土着地名	40

ㅎ

하이픈 연결		32
하천	河川	50
하천지명	河川地名	50
한역	漢譯	28
합성지명	合成地名	38
해도	海圖	66
해상지명	海上地名	51
해안	海岸	50
해안지명	海岸地名	50
해양지명	海洋地名	51
해역	海域	50
해저지명	海底地名	51
해저지형	海底地形	51
행정구역	行政區域	46
행정동/리	行政洞/里	47
행정지명	行政地名	46
호수지명	湖水地名	51
호칭어	呼稱語	29
혼성지명	混成地名	38
확장지명	擴張地名	36
후부지명소	後部地名素	21
후부지명형태소	後部地名形態素	21
훈독지명	訓讀地名	27
훈차표기	訓借表記	27

색인 Index

A

abbreviation of a toponym	36
acronym	32
address	13
administrative division	46
administrative dong/ri	47
administrative toponym	46
allonym	37
appellation	29
area	12
artificial feature	53
artificial feature name	53
atlas	66
authorized name	37

B

birth of a toponym	58
body of waters	50

C

change of a toponym	59
character borrowing	28
character-borrowing notation of a toponym	28
chart	66
choronym	48
coast	50
coast name	50

D

commemorative name	40
composite name	38
conventional name	39
conversion of a toponym	60
conversion table	32
critical toponymy	15

death of a toponym	60
denomination	13
denotation	13
designation	13
diacritic mark	24
diacritics	24
dialect	23
directional toponym	40
donor language	24
donor script	24
dual names	37
dual naming	58
dual naming of a station	54
dual station names	54

E

endonym	39
eponym	25
epotoponym	26

E

ethnonym	41
exonym	39
extended (secondary, tertiary) toponym	36
extinction of a toponym	60
extraterrestrial feature	52
extraterrestrial name	52

F

false generic element	22
folk toponym	38
formation of a toponym	59

G

generic element	22
generic name	22
generic term	22
geographic information system (GIS)	67
geographical entity	48
geographical feature	48
geographical name	12
geographical naming	58
geononymy	29
glossary of terms for the standardization of geographical names	68
guidelines for the standardization of geographical names	68

H

historical name	39
hodonym	47
hydrographic feature	49
hydronym	49
hyphenation	32
hyphenization	32

I

indigenous language	23
inherited toponym	38
inscription	13,14
integrated city name	48
International Phonetic Alphabet (IPA)	29
international standardization of toponyms	61

L

lacustrine name	51
land lot address	47
legislative dong/ri	46
legislative toponym	46
linguistic area	22
linguistic community	23
long form of a toponym	36
lunar name	53

색인 Index

M

man-made feature	53
man-made feature name	53
map	66
marine chart	66
maritime name	51
marking	14
meaning-reading toponym	27
minority toponym	41
morpheme of a toponym	20
multiple names	37
multiple naming	58

N

name	13
names authority	67
names survey	58
naming	13
national atlas	66
national standardization of toponyms	61
natural feature	49
natural feature name	49
nautical chart	66
navigational chart	66
notation	14
notation of a toponym	14
numerical toponym	41

O

odonym	47
official name	37
onomastics	12
origin of a toponym	59
original script	24
oronym	52
orthography	14

P

paired toponyms	40
place name	12
positional toponym	40
posterior morpheme of a toponym	21
primary toponym	36
prior morpheme of a toponym	21
proper name	21

R

reading of a toponym	15
receiver language	25
receiver script	25
region	12
renaming of a toponym	59
restoration of a toponym	60
river	50

river name	50
road name address	47
romanization	31
romanization key	31
root toponym	26

S

sea surface name	51
seashore	50
short form of a toponym	36
sound-reading toponym	27
source language	24
source script	24
specific element	21
specific name	21
specific term	21
spelling	14
standard language	20
standardization	61
standardization of a toponym	61
standardized allonym	37
standardized endonym	40
standardized toponym	61
station name	53
stream	50
street name	47
subsidiary naming of a station	54

T

subsidiary station names	54
target language	25
target script	25
territory	12
territory of a toponym	12
thematic map	67
title	13
topographic feature	48
topographic map	67
toponomastics	12
toponym	12
toponym with linguistic characteristics	20
toponymic database	69
toponymic gazetteer	69
toponymic guidelines	68
toponymy	12
traditional name	39
transboundary name	38
transcription	14,26,30
transcription by meaning	27
transcription key	30
transcription of Chinese letters	28
transition of a toponym	60
translation/transliteration into Chinese letters	28
transliteration	26,30
transliteration key	31

색인 Index

U

underground toponym	52
undersea feature	51
undersea feature name	51
urban-rural integrated city	48

V

variant name	37
vehicular language	20
vernacular toponym	48

한국 지명 용어집

초판 인쇄 2021년 10월 07일
초판 발행 2021년 10월 13일

저 자 국토교통부 국토지리정보원
발행인 김갑용

발행처 진한엠앤비
주소 서울시 서대문구 독립문로 14길 66 205호(냉천동 260)
전화 02) 364 - 8491(대) / 팩스 02) 319 - 3537
홈페이지주소 http://www.jinhanbook.co.kr
등록번호 제25100-2016-000019호 (등록일자 : 1993년 05월 25일)
ⓒ2021 jinhan M&B INC, Printed in Korea

ISBN 979-11-290-2500-5 (13000)　　　[정가 9,000원]

☞ 이 책에 담긴 내용의 무단 전재 및 복제 행위를 금합니다.
☞ 잘못 만들어진 책자는 구입처에서 교환해 드립니다.
☞ 본 도서는 [공공데이터 제공 및 이용 활성화에 관한 법률]을 근거로 출판되었습니다.